空姐媽咪的百變餐桌

便當菜、鍋物、元氣早餐、
暖心宵夜、生日小點，
家庭料理最需要的

65 道菜色一次學會！

朱曉芃 —— 著　朱曉芃&Rex —— 攝影

PROLOGUE

good taste
YUMMY

從小就喜歡進廚房，在媽媽的身旁打下手，

長大後，加入了空服員行列，

空服生涯，帶我走遍世界，吃遍八方。

成為媽咪後，為了孩子將從小到大累積的料理魂釋放，

開啟百變餐桌的序曲～～

歲月悠然，茶知冷暖。

家暖情濃，食物先知。

記得小時候，每天最期待的時刻，就是放學回家開門聞到飯菜香那瞬間。

還背著書包的我，總是迫不及待衝進廚房問媽媽：「今天吃什麼？」

那是，家的味道。

我喜歡進廚房，在媽媽的身旁打下手，幫忙剝豆子、洗菜，

媽媽在一旁烹調，我們一邊聊著天，一邊試著菜的味道。

許多溫暖美好的時光，都在廚房度過……

媽媽離開後，我開始了空服員生涯，走遍世界各地，吃遍各國料理，

但再美味，也不及母親的一碗肉燥飯。

我體會到母親之於孩子，是多麼重要以及無可取代的存在，

我想把媽媽的愛，透過料理繼續延續下去，想給孩子專屬他們的「媽媽味道」。

於是我決定好好照顧自己，好好研究料理，好好經營我的小家庭，

也感謝自己當初好好做決定，於是有了今天這本書的誕生。

兩個孩子口味南轅北轍，一個台灣胃，一個老外胃，老公也是個嘴刁的人。

怎麼才能滿足他們挑剔的味蕾，一開始讓我傷透了腦筋，

「做就對了！」我如此深信著。

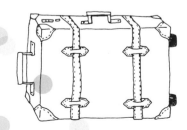

在一次次的實驗中，我學會了如何選擇食材、如何調整味道、如何掌握火候，
並且發現料理是一門味蕾和美學的完美結合。

在這本食譜書中，我分享自己多年來學到的一些料理技巧和心得，
這些食譜都是我經常做，而且經過反覆嘗試和調整，
它們代表著我對食物及美感的無限愛意，希望正在讀這本書的你也會喜歡。

一頓營養的晚餐、一個可愛的便當、一份充滿愛的生日點心，
我相信食物有著神奇的力量，能夠連結人與人之間的情感，共同創造專屬回憶。
祝願你在料理的旅程中收穫滿滿，並且創造出無數美味時刻，
用愛和美食，一起享受這個令人愉悅 充滿驚喜的烹飪之旅吧！

Part 2
每一次打開便當
都有驚喜

Part 3
一鍋到底快速料理

Part 4
孩子挑嘴不吃青菜的百變祕訣

Part 5
孩子生日點心自己做

Part 6
給另一半的打氣料理

☀ 早餐篇

☾ 宵夜篇

本書使用方式

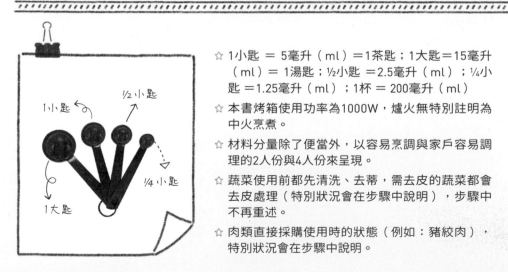

☆ 1小匙 ＝ 5毫升（ml）＝1茶匙；1大匙＝15毫升（ml）＝ 1湯匙；½小匙 ＝2.5毫升（ml）；¼小匙 ＝1.25毫升（ml）；1杯 ＝ 200毫升（ml）

☆ 本書烤箱使用功率為1000W，爐火無特別註明為中火烹煮。

☆ 材料分量除了便當外，以容易烹調與家戶容易調理的2人份與4人份來呈現。

☆ 蔬菜使用前都先清洗、去蒂，需去皮的蔬菜都會去皮處理（特別狀況會在步驟中說明），步驟中不再重述。

☆ 肉類直接採購使用時的狀態（例如：豬絞肉），特別狀況會在步驟中說明。

WELCOME

MY KITCHEN

PART

1

HOW LOVELY DAY

機上趣事回憶
帶給我的
料理點子

都是番茄汁惹的禍啦！

飛往峇里島的機上滿滿興奮的大學生結伴旅遊，

起飛後，我開始送飲料的SOP，

親切詢問戴著眼鏡的斯文男大生：「請問要用點飲料嗎？」

正在跟同學嬉鬧的大學生回答：「我要一杯番茄汁。」

同事立刻遞上一罐番茄汁給我，我照慣例搖了搖，

但說時遲那時快，番茄汁就這麼不偏不倚地噴濺到點餐男大學生頭上……

鮮紅的番茄汁從他的頭頂慢慢流下，原來貼心的同事已經幫我開好罐，

這時，除了他跟我傻住之外，周圍的乘客都哄堂大笑。

這道料理是為了紀念人生最糗「番茄汁事件」，

用番茄汁直接烤大利麵，一盤到底有夠省力，

什麼食材都能加入，也是道可以發揮創意的清冰箱料理呢！

料理時間：40分鐘／工具：烤箱

 # 省力番茄肉醬義大利麵

材料（2人份）

* 義大利麵條 200g
* 豬絞肉 100g
* 市售番茄汁 500ml
* 甜椒半顆
* 洋蔥半顆
* 清水 150ml

調味料

* 鹽 ¼ 小匙
* 黑胡椒粉適量
* 高湯塊 1 塊（約 10g）
* 義大利綜合香料粉 1 小匙

作法

1. 洋蔥與甜椒切絲備用。

2. 烤箱預熱280°C。

3. 取一烤盤放上步驟1，再將豬絞肉均勻放上去，最後放上義大利麵。

   ·TIP· 天使麵條太細，料理後容易過爛，這個作法並不適合使用。

4. 將所有調味料都均勻倒到義大利麵上，烤盤放入烤箱烤30分鐘即可。

暖心又暖胃的馬鈴薯燉肉

飛紐約的途中，中停安克拉治，組員下機休息一晚。
那是美國最北方的一座主要城市，冬季很漫長，
我們到達的那天，正是氣溫零下的天氣，天空下著雪。
到超市買了簡單食材，回房內小廚房忙著，
不一會兒，一鍋熱呼呼的馬鈴薯燉肉便完成了……
我立刻盛了一碗，端去給隔壁房一起飛的同事，
我還記得她驚訝又開心的表情，頻頻稱讚：「你怎麼那麼厲害！」
其實燉肉沒有很厲害，厲害的也許是冰天雪地中，
有人分享食物的那份暖暖心意吧！

馬鈴薯燉肉

料理時間：50分鐘／工具：鑄鐵鍋或陶鍋

材料（4人份）

* 豬胛心肉350g
* 紅蘿蔔1根
* 洋蔥1顆
* 馬鈴薯2顆
* 蒜頭2瓣
* 清水400ml

調味料

* 醬油5大匙
* 米酒2大匙
* 冰糖1大匙
* 白胡椒粉少許

作法

1. 洋蔥切片；馬鈴薯及紅蘿蔔滾刀塊；蒜頭切末備用。

   ·TIP· 馬鈴薯烹煮後會糊化，建議喜歡塊狀口感的人，不用切太小塊。

2. 豬胛心肉切成小塊。

3. 起鍋熱油，待豬胛心肉表面煎上肉色並略有焦黃後，加入步驟1一起拌炒。

4. 待步驟3飄出蒜香，加入所有調味料以及清水，轉大火。

5. 煮滾後轉小火，蓋上鍋蓋，續燉煮30分鐘，開蓋轉中火收汁10分鐘即可。

阿北消消氣，
要不要來份手作餐包

飛往香港的短程航班，
一如既往地忙碌，
推著餐車一排排送餐。
詢問餐點口味，
放上餐包，再給飲料。
那天一位阿北突然叫住我：
「小姐～再給我一個麵包。」
因為餐點與麵包的數量，
基本上是一人一份，看著滿滿的客人，
擔心之後送餐時的麵包不夠，
便跟阿北商量：「待會送完餐後，如果有多的，
再幫您送過來好嗎？」
阿北臉一沉，沒回答我。
送完餐點，發現麵包多了，馬上替阿北送過去……
不料，阿北非常生氣地說：
「我不要了！」還找來座艙長投訴。
阿北您消消氣，如果有機會讓您嚐嚐我親手做的餐包，
保證一定讓你吃到開心、吃到滿意。

蜂蜜小餐包

材料（12顆）

* 高筋麵粉 250g
* 牛奶 150g
* 蜂蜜 25g
* 細砂糖 20g

* 酵母粉 3g
* 鹽 2g
* 無鹽奶油 25g
* 蛋黃 1 顆

料理時間：120分鐘／工具：烤箱

作法

1. 無鹽奶油放置室溫軟化備用。

2. 將無鹽奶油以外的材料，放入麵糰攪拌機中，用慢速打成糰（約5分鐘）。

3. 加入步驟1的無鹽奶油，慢速續打至麵糰能拉出可透光的薄膜。

/ Step 3

關於打完麵糰後的薄膜

麵糰攪拌過後，開始產生筋性，可以試著輕拉攤開麵糰，看看是否產生薄膜。一般來說，筋性越高，能拉出越薄的膜，做出來的麵包越柔軟有彈性。

/ Step 4

/ Step 5

4. 取出麵糰放入發酵盆內，蓋上
   保鮮膜及濕布，靜置室溫發酵
   40分鐘。

5. 將步驟4的麵糰排氣後，平均
   分成12等分，揉成圓形收口朝
   下，稍留發酵空間，排列在鋪
   了烘焙紙的烤盤上，40°C發酵
   30分鐘。

   ·TIP· 麵糰間留些許空間，以
   免發酵後麵糰膨脹，沾黏在一
   起。若沒有發酵箱，可在烤箱
   內放一杯熱水，關上烤箱門，
   製造潮濕溫暖環境。

6. 將步驟5的烤盤端出，在麵糰
   表面刷上攪拌均勻的蛋黃液。

   ·TIP· 蛋黃跟蜂蜜是天然的保
   濕劑，即使過了三天，餐包依
   舊柔軟好吃唷！

7. 烤箱預熱180°C後，將麵糰放
   入烤約15分鐘即可。

/ Step 6

漢城，初嚐韓式拌飯的美妙滋味

那是首爾還名為漢城的時候，

我的第一班韓國班，落地時間大約是晚上9點鐘。

初次到首爾的我，非常期待去見識夜晚東大門批市的魅力，

於是跟韓國組員約好時間，請她帶著我去開眼界。

記得我摸了一件衣服，立刻被阿珠媽罵，

想殺價，也被罵，真是震撼教育啊！

逛完後身心都需要被療癒，

於是在路邊的透明攤子坐下來，點了一碗拌飯。

第一次的韓國行，第一次到東大門，第一次買衣服被罵

第一次吃韓式拌飯，美妙的滋味，永遠難忘……

 # 韓式拌飯

料理時間：30分鐘／工具：鑄鐵鍋

材料（2人份）

* 白飯2碗
* 豬絞肉100g
* 蒜頭2瓣
* 白芝麻適量
* 菠菜半把
* 紅蘿蔔半顆
* 櫛瓜半條
* 豆芽半把
* 新鮮香菇2朵
* 蛋黃1顆
* 清水2大匙

調味料

* 香油2大匙
* 鹽1小匙
* 韓式拌飯辣醬2大匙
* 醬油1½大匙
* 糖1小匙

作法

1. 蒜頭切末；紅蘿蔔、櫛瓜切絲備用。

2. 取一容器，放入加入香油、蒜末、鹽、白芝麻拌勻後備用。

3. 起鍋燒熱水，待水滾放入菠菜燙熟後撈起過冷水，擠乾水分後切成約6cm長度，放入步驟2後備用。

4. 豆芽去尾，汆燙後沖冷水撈起，加入少許香油、鹽調味拌勻後備用。

5. 起鍋熱油，分別將紅蘿蔔、櫛瓜絲加入少許蒜末與鹽炒軟、炒熟後撒上適量白芝麻後備用。

6. 起鍋熱油，放入去蒂後切片後的新鮮香菇，加入½大匙醬油炒香後備用。

7. 起鍋熱油，將剩餘的蒜末放入鍋中爆香，放入豬絞肉翻炒至熟。

8. 步驟7中倒入清水、韓式拌飯辣醬、醬油1大匙、糖，拌炒至均勻。

9. 白飯放在一只大碗中，將步驟3、4、5、6、8分別宮格狀排列於白飯上。

10. 最後在碗中央倒些許炒過肉末的辣醬，打一顆蛋黃，撒上些許白芝麻即可。

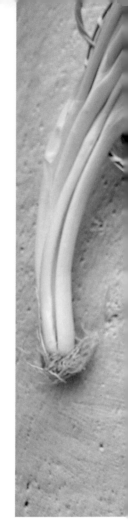

法蘭克福的德國豬腳

當空服員最大的好處，莫過於有機會到世界各地品嚐最道地的味道。

大名鼎鼎的德國豬腳，聽說德國人其實不常吃，

但遠從台灣千里而來，怎麼可以不嚐一嚐呢？

那是在法蘭克福火車站內的一家豬腳專賣店，

還記得玻璃櫥窗內，滿滿的德國豬腳堆疊，

老闆娘包裝俐落，讓我每次一到當地就會外帶一隻回飯店，

配上好多酸菜，一口肉一口酸菜，口感真是不錯！

但是台灣胃的我，仍然忍不住想起媽媽滷得油亮油亮的古早味台式豬腳，

那滋味才真是一流啊！

古早味滷豬腳

料理時間：120分鐘／工具：鑄鐵鍋

材料（4人份）

* 豬腳 1000g
* 蒜頭 8 瓣
* 蔥半把（約5枝）
* 薑片 8 片
* 辣椒 1 根
* 八角 1 顆
* 清水適量

調味料

* 米酒 50ml
* 冰糖 40g
* 醬油 50g
* 黑豆蔭油（或醬油膏/蠔油）1 大匙
* 白胡椒粉、鹽少許

作法

1. 蒜頭去皮壓扁；蔥切段；冰糖壓碎，減少炒糖時間。

2. 燒一鍋熱水，倒入些許米酒、薑片及蔥段（皆分量外），再將豬腳放入汆燙，去血水後撈起泡冰水。
   (· TIP ·) 選購豬腳時，若喜歡肉多的部分，可選豬前腳。

3. 起鍋熱油，爆香蔥、薑片和蒜碎、辣椒至焦黃。

4. 將爆香的步驟3推到鍋旁，放入壓碎的冰糖炒至融化。

5. 汆燙好的豬腳放入步驟4，炒至表面皆上糖色。

6. 加入醬油、黑豆蔭油、米酒，再加清水淹過食材。

7. 轉大火，待水滾後放入八角，撒上白胡椒粉。

8. 蓋上鍋蓋，轉小火燉煮90分鐘即可。中間開蓋試一下鹹淡，加鹽調整。（可視個人喜好，再延長燉煮時間）

再忙也要好好照顧自己！

又是一個飛行超過12個鐘頭的航班，用完餐，賣完免稅品，

客艙熄了燈，客人們幾乎都進入夢鄉，組員也輪班進休息室小憩。

一位高大斯文的先生走到廚房來，跟我要了一杯溫水，

我遞給他，他也客氣地回聲謝謝，便站在廚房外喝水，我則轉身忙碌。

突然間，「碰」地一聲，回過頭時，他已經直挺挺地倒在地上，

組員們一湧而上，開始照著緊急狀況的SOP處理。

另一頭趕緊廣播詢問機上是否有身為醫師的乘客，

很幸運地，兩位醫師立刻過來幫忙，而這位先生也慢慢甦醒，

還好只是低血糖，暈倒也沒有撞傷，不幸中的大幸，我也鬆了好大一口氣。

低血糖真的不好受，回家後我也趕緊熬了一鍋蒜頭蛤蜊雞湯，好好替自己補一補，

經歷了這一回，深深體會沒有了健康，等於什麼都沒有了。

大家要好好照顧自己啊！

料理時間：90分鐘／工具：鑄鐵鍋

 ## 蒜頭蛤蜊雞湯

材料（4人份）	調味料
* 烏骨雞 500g	* 鹽適量
* 蛤蜊 300g	* 味精少許
* 蒜頭 20 瓣	
* 清水 1500ml	

· TIP · 味精被大家誤會已久，其實它是成分相對單純的提鮮品喔！

作法

1. 起鍋燒熱水，汆燙雞肉，待雞肉表面變色後撈起，沖洗掉沾在表面的浮沫後備用。

2. 另起鍋，放入汆燙過的雞肉、去皮蒜頭，倒入1500ml的清水。

3. 開大火蓋上鍋蓋，煮滾後蓋上鍋蓋轉小火，燉煮60分鐘。

4. 打開鍋蓋放入吐完砂的蛤蜊，待蛤蜊開口即可熄火。

5. 端上桌前撒上適量鹽與味精，稍微攪拌即可。

好白的鹹豬手，
看我把你大卸八塊！

前往美國的班機上，乘客們酒足飯飽，
客艙熄了燈，趁客人們休息時，我們必須推著餐車到商務艙去更換餐點。
我與另一位組員推著餐車在走道上，一位光頭白人乘客迎面走來，
我停下車，示意他先過，當他與我錯身時，一隻手從我的背一路往下摸到臀，
然後若無其事地繼續往前走⋯⋯
當時我嚇傻了，居然沒有及時抓住他的鹹豬手，還想著是不是我誤會了。
後來越想越不對勁，這是性騷擾無誤啊！
等我把餐車換好，回過頭要把他揪出來時，整個客艙走了兩三遍
就是沒有看到光頭白人，就是沒有看到光頭白人，就是沒有看到光頭白人！！
好氣自己怎麼反應那麼慢，又氣這好白的鹹豬手真的太低級，
那我就來醃鹹豬肉，先下鍋讓它受火刑，再用刀刑一片片把肉片下來，這樣才解氣。

鹹豬肉

材料（4人份）

* 帶皮五花肉2條（約600g，厚度約3cm）
* 蒜末3大匙

調味料

* 米酒2大匙 * 黑胡椒粉1大匙 * 五香粉1大匙
* 糖1大匙 * 鹽1大匙 * 白胡椒粉1小匙

料理時間：30分鐘／工具：平底鍋或烤箱

作法

1. 用紙巾將帶皮五花肉上的血水吸乾。

2. 米酒均勻倒在肉上，搓揉一下。

3. 接著將其他調味料混合均勻後，加入蒜末抹在
   豬肉上，放入冰箱醃兩天，讓豬肉入味。
   ·TIP· 可以一次多醃幾條放入冷凍庫，是媽媽
   忙碌時快速上菜的好幫手。

4. 調理時，先將醃料沖洗乾淨並擦乾水分。

5. 乾煎或烤箱200°C預熱後烤約25分鐘切片就很
   好吃囉！

都是因為愛，媽媽的味道

會走進廚房，會成為空服員都是因為媽媽，
這份職業是我的療傷解藥。
考上空服員的那一年，我剛失去母親，當時走不出喪母之痛，
到哪裡，做什麼事，都有跟媽媽的回憶，每天哭著睡，醒了哭。
遠離傷心的地方，到世界去看看吧！
一定是媽媽捨不得我沉浸在悲傷的情緒中，讓我順利考進航空公司。
密集地訓練三個月，緊接著正式上機實習，正式飛行，
遇到好多人，好多新挑戰，也忙到沒時間再沉溺於悲傷。
但想念不曾減少，思念母親時，就煮一鍋媽媽招牌的菊花肉燥，
這肉燥裡沒有菊花，有的是我們母女倆將這道料理以形取名的美好回憶！

菊花肉燥

材料（4人份）

* 豬絞肉 300g
* 蒜頭 3 瓣
* 雞蛋 2 顆
* 清水 300ml

調味料

* 醬油 3 大匙
* 米酒 1 小匙
* 豆瓣醬 1 小匙
* 二號砂糖 ½ 小匙

料理時間：90分鐘／工具：鑄鐵鍋

作法

1. 起鍋熱油，將去皮壓扁的蒜頭，放入鍋中炒香。

2. 放入絞肉將肉炒成表面變白後，加入米酒及豆瓣醬、醬油續炒。

3. 倒入清水淹過食材，轉大火，煮滾後放入二號砂糖拌勻。

4. 將雞蛋打在碗中，稍微攪拌。

   ·TIP· 攪拌雞蛋時，不用打得太均勻，留些許蛋白，料理色彩較為好看，口感也比較Q彈。

5. 將步驟4的蛋液倒入鍋中，稍微煮一下再攪拌，保留雞蛋的Q彈口感。

6. 等雞蛋成型後，菊花肉燥就完成囉！拌麵、拌飯、煮粥都非常適合喔。

WELCOME
MY KITCHEN

PART

2

HOW LOVELY DAY

每一次打開便當
都有驚喜

好不容易拉拔孩子到上小學的年紀，我家刁嘴哥哥，還是不讓我省心。

老師總是向我反應，他在學校餐吃得少，營養會不夠，

但媽媽還是堅持訂學校餐，為了讓他學習吃「有形的」青菜，

有一次接他回家的路上，他問我：「馬麻～你知道我在學校最喜歡吃什麼嗎？」

「雞腿？」「雞翅？」「還是咖哩？」

「都不是～我最喜歡吃的是，媽媽給我帶的便當喔！」

歐買尬～這小子太會了！試問全天下有哪個媽媽能不被這段話融化，

於是媽媽從偶爾做便當，變成了天天做。

而妹妹因為熱愛學校營養午餐，我只有校外教學會幫她做造型便當，

帶便當後，我們多了好多話題，也多了很多樂趣，

當他們惹怒阿母的時候，還會不會給便當呢？

當然會～隔天的便當最值得期待了～～

◇ 鬼臉便當

◇ 蟲蟲便當

◇ Baby便便咖哩便當

◇ 愛心手指便當

◇ 小狐狸三角飯糰便當

◇ 鴨鴨六宮格便當

◇ 可愛動物壽司捲便當

◇ 龍貓便當

鬼臉便當

鬼臉
便當飯
P.39

牛肉
蘆筍捲
P.38

玉子燒
P.39

香烤
柳葉魚
P.38

🥄 牛肉蘆筍捲

材料（1人份）

* 牛肉火鍋肉片2片
* 蘆筍2根
* 白芝麻少許

調味料

* 鹽、黑胡椒粉少許

作法

1. 用牛肉片將蘆筍捲起來，只留些許蘆筍頭，共捲2份。

2. 起鍋熱油，將牛肉蘆筍捲平鋪在鍋上煎熟一面後再翻面。

3. 撒上鹽及黑胡椒粉，待牛肉兩面都熟後，撒上些許白芝麻即可。

- -

🥄 香烤柳葉魚

材料（1人份）

* 柳葉魚2條

調味料

* 橄欖油少許
* 米酒、白胡椒鹽適量

作法

1. 柳葉魚退冰後稍微沖洗，擦乾表面水分後用米酒、白胡椒鹽均勻塗抹魚身。

2. 兩面噴油，放入氣炸鍋，用180°C氣炸10分鐘後，翻面再氣炸5分鐘即可。

   ·TIP· 家中無氣炸鍋，也可用平底鍋煎。煎魚時，請單面煎熟後，再翻另一面，以免魚皮沾鍋。

♪玉子燒

材料（1人份）

* 雞蛋2顆　　* 牛奶1大匙
* 雞粉少許　　* 橄欖油2大匙

作法

1. 取一只容器打入雞蛋，加入牛奶、雞粉攪打均勻。

2. 玉子燒鍋中倒入橄欖油，將多餘的油分用折成四方型的廚房紙巾吸至半乾，紙巾放一旁備用。

3. 玉子燒鍋中倒入薄薄一層蛋液，鋪滿整個鍋底，稍微凝固後，用炒杓往前將蛋皮捲起。

4. 用步驟2的紙巾在玉子燒鍋鍋底再次抹油，接著再倒蛋液，並且把前方的蛋捲用炒杓翻起，讓蛋液流進去，同樣讓蛋液鋪滿整個鍋底，如此重複步驟3、4，直至蛋液用完即可。

♪鬼臉便當飯

材料（1人份）

* 白飯1碗　　* 小鳥蛋2顆
* 火腿1片　　* 海苔（或海葡萄）1大片
* 蘋果2片

作法

1. 取一便當盒，白飯鋪底，並且在鼻子處稍微略墊高。

2. 鵪鶉蛋及火腿燙熟後，擦乾水分備用。

3. 海苔剪兩個小圓，貼在鵪鶉蛋上當眼珠，再剪兩片比蛋稍大的圓形當眼窩。

4. 將剩餘的海苔撕碎（或直接使用海葡萄），沿著步驟1的便當盒周圍，鋪出頭髮的模樣，什麼髮型都可以喔！

5. 蘋果片刻出嘴唇及牙齒形狀，火腿剪出舌頭模樣，再放到便當上組合。

6. 將步驟3的眼睛和眼窩放到便當上，最後用番茄醬在眼下及鼻孔處稍微點綴即可。

蟲蟲便當

韓式
五花肉
P.41

溏心蛋
P.41

涼拌菠菜
P.41

雞母蟲
飯糰
P.40

♩ 雞母蟲飯糰

材料（1人份）

* 白飯1碗
* 黑芝麻、枸杞少許

作法

1. 取一片保鮮膜，鋪上白飯後包起，捏成長條形。

2. 每隔些許間隔，用橡皮圈套在飯糰上，靜置一下定型。

3. 拆開橡皮筋及保鮮膜，放上黑芝麻及泡過水的枸杞作為點綴即可。

/ Step 2

🥄 涼拌菠菜

材料（1人份）

* 菠菜半把
* 蒜末適量

調味料

* 香油、鹽1大匙
* 糖少許

作法

1. 燒一鍋熱水，放入菠菜汆燙後撈起，擠乾水分並切成適口長度。

2. 加入蒜末、香油、鹽及糖拌勻即可。

🥄 韓式五花肉

材料（1人份）

* 豬五花 1 條（約150g）
* 清水 60ml

調味料

* 番茄醬 1 大匙
* 韓式辣醬 2 小匙
* 米酒、蜂蜜各 1 小匙

作法

1. 起鍋熱油，平鋪豬五花，先煎至兩面表皮金黃，倒掉鍋內逼出的豬油。

2. 加入所有調味料和清水續煮10分鐘即可切片。

🥄 溏心蛋

材料（1人份）

* 雞蛋 1 顆

作法

1. 煮一鍋熱水，待水滾後加入鹽，並將雞蛋放在大湯匙中再輕放入滾水「防止裂開」。

2. 計時8分鐘後撈起雞蛋，放在冰水中降溫後再剝殼，最後用棉線切開即可。

Baby便便咖哩便當

Baby主體
P.43

蔬菜多多
咖哩
P.86

♪🥄Baby便便便當主體

材料（1人份）

＊白飯1碗 ＊義大利麵少許 ＊海苔1片

作法

1. 先在紙上畫出baby的圖樣。

2. 白飯隔著保鮮膜，對著紙型捏出baby的頭、身體以及四肢。

3. 用義大利麵將步驟2的各部位接起。

4. 用壓模在海苔上壓出眼睛及嘴巴，並黏在步驟3便當飯的臉上。

5. 淋上事先做好的咖哩（作法請詳見P.86），擺上baby即完成可愛又美味的便當。

/ Step 1

/ Step 2

愛心手指便當

嫩煎豆腐
P.45

椒鹽雞翅
P.45

蒜炒
青花菜
P.45

熱狗
手指
P.44

熱狗手指

材料（1人份）

* 白飯1碗
* 熱狗1根
* 紅椒少許

作法

1. 熱狗用熱水燙過後撈起擦乾。

2. 用小刀刻出指甲及指節的條紋。

3. 紅椒剪出指甲形狀，沾一點番茄醬黏在熱狗上。

4. 白飯擠上些許番茄醬，再放上熱狗手指即可。

044

椒鹽雞翅

材料（1人份）

* 雞翅2支

調味料

* 米酒、鹽少許
* 白胡椒鹽適量

作法

1. 取一容器放入表面劃了兩刀的雞翅，加米酒及鹽放入冰箱醃漬一晚。

2. 起鍋熱油，放入雞翅煎至兩面金黃微焦，起鍋後撒上適量白胡椒鹽即可。

蒜炒青花菜

材料（1人份）

* 青花菜 3-4 朵
* 蒜末少許

調味料

* 鹽、糖少許

作法

1. 起鍋熱油，爆香蒜末。

2. 加入青花菜拌炒，最後加些許清水蓋上鍋蓋燜煮約30秒。

3. 開蓋加點鹽、糖調味，轉大火略收汁即可。

起司豆腐

材料（1人份）

* 嫩豆腐半份
* 莫札瑞拉起司絲適量

作法

1. 嫩豆腐擦乾表面水分後切薄片。

2. 起鍋熱油，放入豆腐煎至兩面金黃後剷起備用。

3. 莫札瑞拉起司絲放入鍋中，鋪成一小塊如豆腐大小的區域，加熱煎至單面焦脆。

3. 在步驟 3 的起司絲上平鋪豆腐後，翻面略煎，確認起司與豆腐黏合即可。

小狐狸三角飯糰便當

熱狗
蛋皮花
P.49

蒜烤
四季豆
P.49

小狐狸造型
三角飯糰
P.48

香煎
鮭魚排
P.48

♩ 小狐狸造型三角飯糰

材料（1人份）

* 白飯1碗
* 義大利麵少許
* 海苔1張
* 蜜黑豆2顆

調味料

* 醬油少許

作法

1. 白飯隔著保鮮膜捏出一個大三角形，另外再捏兩個小三角形當耳朵。

2. 用醬油刷在飯上畫出狐狸臉上的線條。

3. 用壓模在海苔上壓出狐狸的五官貼上，再用義大利麵固定耳朵及鼻子即可。

/ Step 1

/ Step 2

/ Step 3

♩ 香煎鮭魚排

材料（1人份）

* 鮭魚1小片

調味料

* 米酒、鹽少許

作法

1. 鮭魚稍微沖一下兩面淋上酒，抹點鹽，略醃5分鐘。

2. 用紙巾吸乾表面水分後，鍋內不放油，用小火煎熟即可。

蒜烤四季豆

材料（1人份）

* 四季豆4-6根
* 蒜末少許
* 無鹽奶油1小塊

調味料

* 橄欖油、鹽少許

作法

1. 四季豆去粗絲切段，與橄欖油、蒜末、鹽、奶油略為拌勻。

2. 烤箱預熱200℃，放入步驟1烤8分鐘即可。

熱狗蛋皮花

材料（1人份）

* 熱狗1根
* 雞蛋1顆
* 牛奶1小匙

調味料

* 鹽、白胡椒粉少許

作法

1. 熱狗汆燙後擦乾水分切小段，在切面用刀劃出格紋。

2. 起鍋熱油，稍微煎熱狗使紋路更清晰，表面微焦熟後挾起備用。

3. 取一容器打入雞蛋加入牛奶、鹽以及白胡椒粉調味，攪拌均勻。

4. 用玉子燒鍋或平底鍋煎蛋皮，兩面煎熟後，取出切成3cm寬的長條狀。

5. 將步驟4的蛋片對折後，用刀子從折面切線條，但不切斷。

6. 用步驟5的蛋皮在步驟2的熱狗外側捲起，用小叉子固定蛋皮即完成。

/ Step 6

地瓜片
P.51

蒜炒甜豆
紅蘿蔔
P.51

免油炸
炸雞
P.51

鴨鴨
六宮格造型
P.50

鴨鴨六宮格便當

🥄 鴨鴨六宮格造型

材料（1人份）

* 白飯1碗
* 起司片3片
* 火腿少許

作法

1. 先取出一張紙，描出便當盒大小，再畫出等分六宮格。

2. 便當盒鋪上白飯，分成六等分四邊形。

3. 起司片對著紙型剪出四邊形大小，共三片。剩下的起司片剪出鴨子的頭毛形狀。

4. 火腿剪出鴨嘴形狀。

5. 用壓模在海苔上壓出鴨子的五官貼在起司上，番茄醬點在臉頰上當腮紅即可。

6. 在其他白飯處放上喜歡吃的配菜即可。

免油炸炸雞

材料（1人份）

* 去骨雞腿肉1片
* 鹽麴1小匙
* 麵粉1大匙
* 太白粉1大匙

作法

1. 去骨雞腿肉用鹽麴醃一晚，料理前用紙巾擦乾淨，切小塊。
2. 麵粉與太白粉混合均勻。
3. 雞腿塊沾步驟2的粉靜置5分鐘返潮。
4. 烤箱預熱180°C，雞腿塊烤15分鐘即可。

地瓜片

材料（1人份）

* 地瓜半顆

作法

1. 地瓜蒸熟後切薄片即可。

蒜炒甜豆紅蘿蔔

材料（1人份）

* 甜豆6根
* 紅蘿蔔片5-6片
* 蒜末適量
* 清水少許

調味料

* 鹽1小匙
* 糖1小匙
* 白胡椒粉少許

作法

1. 起鍋熱油，下蒜末爆香後加入紅蘿蔔片、甜豆拌炒。
2. 加鹽、糖及白胡椒粉以及少許清水，蓋上窩蓋燜至熟軟即可。

可愛動物壽司捲便當

材料（1人份）

* 熱白飯 1 碗半
* 小黃瓜 ¼ 條
* 雞蛋 2 顆
* 肉鬆適量
* 蔬果色粉適量

調味料

* 鹽 1 小匙
* 壽司醋適量
* 美乃滋少許

作法

1. 取一容器將雞蛋攪打均勻，加入鹽調味，煎成玉子燒（作法請詳見 P.39），放涼後縱切成兩半備用。

2. 小黃瓜縱切四等分，去籽備用。

3. 白飯趁熱切拌入壽司醋，放涼後分四份備用。

4. 在步驟 3 的白飯中，分別拌入薑黃粉、紅麴粉、菠菜粉以及紫薯粉。

5. 取一張保鮮膜，平鋪步驟 3 四色醋飯，成一長條型。

6. 醋飯上再鋪一片壽司海苔。

7. 在海苔 1/3 處，依序放上肉鬆、玉子燒、黃瓜條，並擠上美乃滋。

8. 將壽司邊壓邊捲起。

9. 用壓模在海苔上壓出動物的五官貼在壽司上即可。

· TIP ·

1. 豬鼻子可用火腿或培根。

2. 小雞嘴巴用罐頭玉米粒。

3. 青蛙眼睛用圓型壓模在起司片上壓出來。

龍貓便當

海苔酥
飯糰
P.56

三色
玉子燒
P.56

香烤
松阪肉
P.56

彩繪
奶酥吐司
P.57

/ Step 3

♪ 海苔酥飯糰

材料（1人份）

* 白飯1碗
* 海苔碎2片份
* 起司片1片
* 美乃滋少許

作法

1. 白飯隔著保鮮膜捏成小球狀，沾上海苔碎（預留半片壓模使用）。
2. 起司片用吸管或壓模器壓出圓形；海苔用壓模器壓出更小的圓。
3. 步驟2海苔貼在起司圓上當眼睛。
4. 將眼睛沾上少許美乃滋貼在飯糰上。

♪ 香烤松阪肉

材料（1人份）

* 松阪肉1片

調味料

* 米酒、醬油適量

作法

1. 松阪肉抹上米酒以及醬油略醃。
2. 烤箱預熱200℃，將松阪肉放入烤20分鐘後出爐切斜片即可。

♪ 三色玉子燒

材料（1人份）

* 紅蘿蔔、甜椒¼塊
* 香菇1朵 * 雞蛋2顆

調味料

* 牛奶1小匙 * 鹽少許

作法

1. 紅蘿蔔、甜椒、香菇切丁汆燙後放涼備用。
2. 找一只容器打入雞蛋，加入牛奶、鹽。
3. 放加入步驟1，攪拌均勻後，煎成玉子燒（作法請詳見P.39）即可。

彩繪奶酥吐司

材料（1人份）

＊吐司1片 ＊原味奶酥醬適量 ＊竹炭粉少許

/ Step 2-1

作法

1. 一半奶酥醬調入竹炭粉，調成灰色奶酥醬備用。

2. 錫箔紙剪出龍貓形狀，放在土司上。

/ Step 2-2

/ Step 3

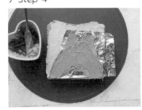
/ Step 4

/ Step 5

3. 原味奶酥醬塗在錫箔紙外圍。

4. 將錫箔紙拿起，灰色奶酥醬塗抹龍貓形狀處，留下一點點灰色奶酥醬待用。

   ·TIP· 記得留下半圓的肚子不要塗，用牙籤沾黑色奶酥醬畫上條紋即可。

5. 剩餘的灰色奶酥醬再調入些許竹炭粉變為黑色，用牙籤沾取，在灰色奶酥醬上畫鼻子及鬍子。

6. 烤箱預熱180°C，烤土司7分鐘，出爐後再加上眼睛。

   ·TIP· 眼睛作法為圓形壓模將起司壓出兩個小圓，黑色奶酥醬在中央點上黑眼珠。

WELCOME
MY KITCHEN

PART

3

HOW LOVELY DAY

一鍋到底
快速料理

媽媽真的很忙，

一日三餐打點好，著實不容易，

要兼顧全家營養均衡，還能讓自己省點事，

這時候出動一鍋到底料理準沒錯！

只用一個鍋，就能快速端出營養均衡又美味的餐點

其實媽媽不是懶，媽媽只是冰雪聰明而已啊！

◇ 日式鮭魚菇菇炊飯

◇ 蝦仁飯

◇ 辣炒年糕

◇ 蔥燒海鮮烏龍麵

◇ 栗子香菇麻油雞飯

◇ 松露起司松阪肉燉飯

◇ 豬肉白菜燉粉條

◇ 家常酢醬

◇ 奶油燉菜

◇ 家傳紅燒牛肉麵

日式鮭魚菇菇炊飯

材料（4人份）

* 白米 2 杯
* 鮭魚菲力約 250g
* 紅蘿蔔 1 小塊
* 香菇 4 朵

* 金針菇 1 包
* 鴻禧菇 1 包
* 毛豆仁適量
* 高湯 400ml

調味料

* 醬油 10g
* 鹽 5g
* 糖 5g
* 清酒少許

作法

1. 白米洗淨泡水30分鐘；鮭魚擦乾表面水分後用少許清酒及鹽（分量外）抓醃備用。

2. 紅蘿蔔、香菇去蒂切絲

3. 金針菇（切半，避免噎口）、鴻禧菇撥散備用。

4. 冷鍋下油，開小火熱鍋後炒香紅蘿蔔。

5. 倒入白米拌炒後倒入高湯。

6. 加入所有調味料後，攪拌拌勻。

7. 將所有菇類及毛豆仁平均鋪在鍋內，最後放上鮭魚菲力。

8. 轉中大火煮至高湯滾。

9. 蓋上鍋蓋後，轉小火續煮8分鐘，熄火鍋離爐，燜15分鐘。

10. 開蓋用飯杓撥鬆飯，並將所有配料與飯拌勻即可。

蝦仁飯

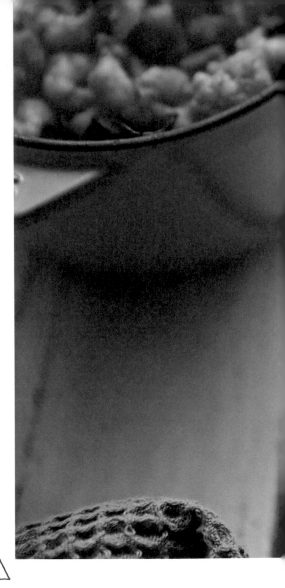

材料（4人份）

* 白米 2 杯
* 帶殼火燒蝦 300g
* 蒜頭 5 瓣
* 蔥 3 根
* 豬油少許
* 水 360ml

調味料

* 米酒 1 大匙
* 糖 ½ 小匙
* 白胡椒粉少許
* 醬油 2 大匙
* 鹽適量

料理時間：50分鐘／工具：鑄鐵鍋或炒鍋

作法

1. 蒜頭切末；蔥切段備用。
2. 蝦子洗淨後剝蝦仁，並留下蝦頭及殼。
3. 起鍋熱些許油，炒蝦頭及殼，過程中稍壓一下蝦頭，擠出蝦膏。
4. 加水入鍋，煮至沸騰即可熄火，將蝦殼過濾留下蝦湯。
5. 起鍋熱豬油，爆香蔥段與蒜末，加入蝦仁翻炒，加入米酒去腥。

6. 加入其他調味料，喜歡白胡椒粉香味的人可以多加一些。

7. 加入步驟4的蝦湯煮至湯滾。

8. 取出蝦仁備用，並再次過濾蝦湯。

9. 將白米洗淨倒入步驟8的蝦高湯，用鑄鐵鍋小火煮8分鐘，關火後燜15分鐘即可。
   ·TIP· 也可放入電子鍋內鍋中，按下煮飯鍵。

10. 開蓋用飯杓撥鬆飯，放上蝦仁與蔥段即可。

♪ 辣炒年糕

料理時間：30分鐘／工具：鑄鐵鍋或陶鍋

材料（2人份）

* 年糕300g
* 韓國魚板3片
* 蔥2根
* 高麗菜100g
* 洋蔥¼顆
* 水煮蛋2顆
* 高湯500ml

調味料

* 韓國辣椒醬2大匙
* 韓國辣椒粉1大匙（怕辣可省略）
* 醬油、糖各1大匙
* 蜂蜜1小匙

作法

1. 蔥切段；洋蔥切絲；高麗菜剝小片；水煮蛋去殼；韓國魚板對切備用。

2. 起鍋熱油，放入蔥段及洋蔥炒香。

3. 加入高湯後放入年糕，再加入所有調味料，轉小火邊煮邊攪拌。

   ·TIP· 如果小朋友不敢吃辣，可以省略辣椒粉，多加一些糖，最後也可以放入起司片，味道也很好喔！

4. 待湯汁慢慢變濃稠時，加入高麗菜、韓國魚板以及水煮蛋續攪拌。

5. 轉大火煮約3分鐘即可。

蔥燒海鮮烏龍麵

材料（2人份）

＊蛤蜊約20顆 ＊烏龍麵2份

＊雞蛋2顆 ＊鮮蝦4隻 ＊魚板4片

＊豬火鍋肉片、鯛魚片適量

＊蔥末2根份 ＊清水1000ml

調味料

＊鹽、味精、白胡椒粉適量

作法

1. 豬火鍋肉片先用酒、鹽及些許太白粉
   （分量外）抓醃備用。

2. 起鍋熱油，爆香蔥末，接著放入蛤蜊
   及清水，煮至蛤蜊開口後，挑出蛤蜊
   備用。

3. 雞蛋直接打入步驟2的鍋中，接著放
   入烏龍麵續煮。

4. 放入鯛魚片、鮮蝦、魚板後，再放入
   步驟1的豬火鍋肉片煮至熟，倒回步
   驟2的蛤蜊。

5. 加入鹽及些許味精調味，起鍋前撒上
   白胡椒粉即可。

🍴 栗子香菇麻油雞飯

材料（2人份）

* 長糯米 1 杯
* 雞腿排 2 片
* 乾香菇 2 大朵
* 即食栗子 6 顆
* 老薑 20g
* 清水 1 杯

調味料

* 麻油 2 大匙
* 米酒 4 大匙
* 醬油 1 大匙
* 醬油膏 1 小匙
* 白胡椒粉適量

作法

1. 長糯米洗淨浸泡60分鐘；雞腿切小塊；
   香菇泡發後切四等分；薑切片備用。

2. 鍋中倒入麻油，放入老薑片煸至起皺後再
   放入香菇片炒香。

3. 放入雞腿煎至皮的部分金黃。

4. 倒入米酒、醬油、醬油膏、白胡椒粉繼續
   翻炒至飄出香味。

5. 長糯米洗淨倒掉洗米水後，加入步驟4拌
   炒均勻，接著倒入清水。

6. 大火煮滾後蓋上鍋蓋，轉小火燜煮10分
   鐘，熄火再燜10分鐘即可。

松露起司松阪肉燉飯

材料（2人份）

* 白米1杯
* 松阪肉1塊
* 蘆筍3根
* 杏鮑菇30g
* 甜椒30g
* 洋蔥¼顆
* 奶油10g
* 鮮奶油100ml
* 起司絲40克
* 高湯450ml

調味料

* 鹽、黑胡椒粉、松露粉適量

作法

1. 白米洗淨；蘆筍去皮切段；杏鮑菇及甜椒切丁；洋蔥切末；松阪肉用米酒及鹽（分量外）略醃備用。

2. 起鍋熱油，放入松阪肉煎至兩面金黃後盛起。

3. 原鍋放入蘆筍段略煎，盛起備用。

4. 原鍋加入奶油、洋蔥末炒至透明，再加入杏鮑菇及甜椒丁拌炒均勻。

5. 放入白米翻炒，倒入1/3高湯，邊煮邊攪拌，直到湯汁收乾。

6. 重複步驟5，邊煮邊攪拌，直到湯汁收乾。

7. 倒入剩下高湯，待高湯收乾後，放入步驟3的蘆筍段，倒入鮮奶油拌勻，使燉飯呈濃稠狀。

8. 加入所有調味料後略為攪拌。

9. 撒上起司絲，蓋上鍋蓋燜2分鐘讓起司融化後熄火。

10. 盛入碗中，擺上松阪肉一同食用即可。

豬肉白菜燉粉條

材料（2人份）

* 包心白菜1顆（約800g）
* 豬五花300-400g
* 韓式粉條100g
* 蔥2支
* 薑片5片
* 蒜頭3瓣
* 乾辣椒3-4根
* 八角1顆
* 清水200ml

調味料

* 醬油3大匙
* 米酒1大匙
* 鹽、味精適量

料理時間：40分鐘／工具：鑄鐵鍋

作法

1. 蔥切段；蒜頭切片；包心白菜洗淨後切小塊，菜梗、菜葉分開；韓式粉條泡水30分鐘。

2. 豬五花切約1cm厚片。

3. 鑄鐵鍋倒入些許橄欖油（分量外）， 開小火熱鍋。

4. 放入豬五花煸至金黃出豬油。

5. 加入蔥段、薑片、蒜片以及乾辣椒、八角爆香。

6. 轉大火，放入菜梗炒至熟軟，再放入菜葉翻炒。

7. 倒入醬油、米酒以及清水煮滾。

8. 放入韓式粉條，蓋上鍋蓋，轉小火熬煮約15-20分鐘。

9. 開蓋加鹽以及味精調味即可。

家常酢醬

材料（6人份）

* 豬絞肉 350g
* 豆乾 5塊
* 毛豆仁 70g
* 蒜頭 3瓣
* 薑末 1大匙

調味料

* 米酒 1大匙
* 醬油 2大匙
* 黑豆瓣醬 45g
* 甜麵醬 80g
* 糖 5g
* 清水 250g

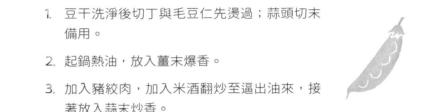

料理時間：30分鐘／工具：炒鍋

作法

1. 豆干洗淨後切丁與毛豆仁先燙過；蒜頭切末備用。

2. 起鍋熱油，放入薑末爆香。

3. 加入豬絞肉，加入米酒翻炒至逼出油來，接著放入蒜末炒香。

4. 加入豆乾丁續炒。

5. 加入毛豆仁拌炒均勻後，加入醬油、黑豆瓣醬、甜麵醬翻炒。

6. 加入糖後倒入清水，蓋上鍋蓋燜煮2分鐘。

7. 開蓋收汁至喜歡的濃稠度即可關火。

　·TIP· 做好的酢醬可以做成冷凍包當成常備菜，拌麵拌飯，加點黃瓜搭配，都很好吃。

奶油燉菜

材料（4人份）

奶油白醬比例：

奶油：麵粉：牛奶＝ 1.33：1：10

* 奶油 40g
* 麵粉 30g
* 牛奶 300g

燉菜：

* 洋蔥半顆
* 蒜頭 3 瓣
* 馬鈴薯 2 顆
* 紅蘿蔔半根
* 玉米 1 根
* 青花菜、蘆筍、蘑菇適量
* 高湯 250ml
* 鹽、黑胡椒粉少許

料理時間：40分鐘／工具：鑄鐵鍋

作法

奶油白醬

1. 起鍋，放入奶油小火融化，加入麵粉混拌均勻後離火備用。

2. 牛奶微波至微溫，分三到四次加入步驟1，混合成絲滑的白醬。

3. 回爐上用中小火加熱，邊煮邊攪拌至奶油白醬濃稠即可離火備用。

燉菜

1. 洋蔥切大塊；蒜頭切末；馬鈴薯與紅蘿蔔滾刀塊；玉米切段；青花菜、蘆筍與蘑菇切適口大小備用。

2. 雞腿排煎至雞皮金黃後剪小塊備用。

3. 用原鍋的雞油炒香洋蔥、蒜末後，加入馬鈴薯、紅蘿蔔、玉米以及步驟2的雞腿排。

4. 加入高湯後轉大火，煮至滾，蓋上鍋蓋轉小火燉煮8-10分鐘，煮至馬鈴薯九分熟（筷子可刺穿）。

5. 打開鍋蓋放入青花菜、蘆筍、蘑菇續煮1-2分鐘。

6. 加入奶油白醬拌勻後，用鹽及黑胡椒粉調味即可。

    ·TIP· 喜歡濃稠一點的口感，可以開大火略收汁，若撒上紅椒粉或七味粉會更美味喔！

家傳紅燒牛肉麵

材料（4人份）

* 牛肋條 1 斤
* 滷包 1 個（滷牛肉專用）
* 蔥 6 支
* 薑 5 片
* 蒜頭 10 瓣
* 大滷包袋 1 個
* 清水 1500ml

調味料

* 豆瓣醬 2 大匙
* 醬油 5 大匙
* 米酒 2 大匙
* 味精或糖適量

料理時間：120分鐘／工具：鑄鐵鍋

作法

1. 牛肋條先燙過，再切成適口大小；蔥切段備用。

2. 起鍋熱油，爆炒蔥至焦黃後撈起，與薑片、蒜頭一起放入空滷包袋中備用。

3. 起油鍋，放入豆瓣醬炒香（有香味即可），再加醬油炒出香氣。

4. 放入牛肋條略微翻炒，加入米酒、清水和滷包、步驟2的蔥薑蒜包。

5. 煮至湯汁大滾，蓋上鍋蓋轉小火續煮約60分鐘熄火燜30分鐘。

6. 最後開蓋加入味精或糖提味即可。

WELCOME
MY KITCHEN

PART

4

HOW LOVELY DAY

孩子挑嘴不吃青菜的
百變祕訣

婚後離開了空服員的行列，成為一位全職媽媽，

媽媽們是不是都跟我一樣有一種病，

叫作「媽媽覺得你不吃青菜很母湯」的病。

孩子每餐一定要有菜有肉，這樣營養才均衡啊！

偏偏老天爺愛開玩笑，給了我兩個挑嘴孩子，尤其對於蔬菜……

但媽媽可不是省油的燈，

總是有辦法神不知鬼不覺地讓他們吃下很多青菜！嘿嘿～～

◇ 高麗菜玉米櫻花餃子

◇ 彩色蔬果小饅頭

◇ 內藏玄機漢堡排

◇ 蔬菜多多咖哩雞

◇ 萬用青醬

◇ 萬用紅醬

◇ 可愛造型甜湯圓

◇ 起司蔬菜QQ薯餅

蔬菜多多咖哩雞

料理時間：30分鐘／工具：鑄鐵鍋

材料（2人份）

* 去骨雞腿排3片
* 洋蔥 半顆（中型）
* 馬鈴薯2顆
* 紅蘿蔔100g
* 玉米筍4支
* 玉米粒1小罐
* 奶油10g
* 咖哩塊6塊
* 清水適量

作法

1. 洋蔥切小丁；馬鈴薯、紅蘿蔔切小塊；玉米筍切小段備用。

2. 大同電鍋外鍋放一杯水，將馬鈴薯及紅蘿蔔丁蒸熟備用。

   ·TIP· 這是省時的方法，若想省略此步驟，可將後面的燉煮時間拉長。

3. 起鍋熱油，去骨雞腿排皮朝下先煎至表皮金黃，約八分熟即可取出切成小塊備用。

4. 利用步驟3原鍋內雞油加入奶油將洋蔥丁炒至變色。

5. 加入玉米筍及步驟3的雞腿塊拌炒，再加入步驟2的馬鈴薯、紅蘿蔔丁及玉米粒略炒。

6. 倒入清水淹過食材，等水煮滾，放入咖哩塊攪拌至融化即可。

   ·TIP· 吃不完的咖哩可分裝冷凍，要吃的時候稍微微波加熱就能食用，非常方便！

內藏玄機漢堡排

材料（2人份）

* 絞肉（或牛肉、牛豬各半皆可）300g
* 蛋1顆
* 洋蔥半顆
* 紅蘿蔔25g
* 青花菜25g
* 麵包粉4大匙
* 牛奶2大匙
* 奶油20g

調味料

* 鹽½小匙
* 黑胡椒少許

漢堡醬

* 醬油、味霖、番茄醬各1大匙

料理時間：60分鐘／工具：平底鍋

作法

1. 洋蔥切小丁；青花菜及紅蘿蔔用調理機打成末；麵包粉泡牛奶備用。

2. 起鍋融化奶油，放入洋蔥丁炒至軟化透明。

3. 加入青花菜及紅蘿蔔末同炒後取出放涼。

4. 取一只容器放入絞肉與所有調味料，倒入已放涼的步驟2與3，混合均勻。

5. 取出適量絞肉，置於掌中，兩手交互摔打幾下，塑形（視口味可包入起司）後冷凍保存。

6. 食用時不用退冰，直接放入電鍋先蒸熟。

7. 取出蒸完漢堡排後流出的湯汁，先倒入平底鍋，再加入醬油、味霖、番茄醬，煮至醬汁濃稠。

8. 將步驟6的漢堡排放入平底鍋中略煎，使漢堡排均勻沾附醬汁即可。

·TIP· 漢堡排用蒸的，一來不用顧火，二來漢堡排中的蔬菜會完全軟化，孩子們就會吃青菜於無形囉！

彩色蔬果小饅頭

材料（15顆）

* 中筋麵粉 200g
* 牛奶 120g
* 即溶酵母粉 2g
* 細砂糖 20g
* 各式天然蔬果色粉（紅麴粉/紫薯粉/
  草莓粉/南瓜粉/菠菜粉等）適量

料理時間：60分鐘／工具：電鍋

作法

1. 除了蔬果色粉外，所有材料放入攪拌機中，低速攪打15分鐘成糰。

2. 麵糰分割成數份；各式色粉調入一點水變成濃稠狀，再與各個麵糰混合揉捏。

   ·TIP· 蔬果粉可至烘焙材料行購買。自製也不難，只需將蔬果洗淨切薄片烘乾，打成粉狀即可。

3. 待麵糰顏色均勻後，繼續揉捏至麵糰光滑如耳垂般柔軟。

4. 搓成長條狀後，切成適合的大小。

5. 電鍋外鍋加入一碗熱水,放上蒸籠。

6. 鋪上一張張饅頭紙後,整齊擺放上麵糰,記得麵糰間留空隙,保留發酵空間。

7. 蒸籠蓋包布,外鍋蒸氣水才不會直接滴落在饅頭上。

8. 按下保溫鍵,發酵約30分鐘,直至麵糰膨脹至兩倍大。

9. 按下煮飯鍵,跳起後再燜5分鐘,開蓋時小心平移,以免水滴滴到饅頭。

高麗菜玉米櫻花餃子

料理時間：60分鐘／深口鍋

材料（50顆）

* 餃子皮50張
* 絞肉600g
* 高麗菜300g
* 玉米粒100g
* 蔥薑水100ml

調味料

* 鹽½小匙
* 醬油1½大匙
* 紹興酒1大匙
* 味霖1½大匙
* 香油1小匙
* 白胡椒粉適量

作法

1. 高麗菜洗淨切碎，加入1大匙鹽（分量外），攪拌後靜置10分鐘。

2. 取一塊豆漿布，將出水的高麗菜放在布上包起，擠乾水分。

3. 一邊同個方向攪拌，一邊分次將蔥薑水加入絞肉中，讓水吃進肉中，俗稱「打水」。

   ·TIP· 蔥1根切小段；薑2片放進水裡搓揉出味，即是蔥薑水。

4. 絞肉加入所有調味料拌勻，再加入玉米以及高麗菜繼續拌勻，最後放入冰箱靜置30分鐘。

5. 水餃皮稍微拉伸一下再開始包。

6. 先折出五角形。

7. 步驟6水餃皮翻面，將適量絞肉置中。

8. 對角先沾水黏起來，再依序把每個角抓到中間黏緊。

/ Step 5

/ Step 6

/ Step 7

/ Step 8

9. 將五個邊都黏緊。

10. 把步驟6反折的部分翻起來就是花瓣囉！

11. 將紅麴粉調水刷在花瓣上，煮好後顏色會自然暈開，非常美麗。

/ Step 9

/ Step 10

/ Step 11

起司蔬菜ＱＱ薯餅

材料（2人份）

- ＊ 火腿1片
- ＊ 青花菜2朵
- ＊ 馬鈴薯1顆（約170g）
- ＊ 奶油5g
- ＊ 糯米粉20g
- ＊ 起司絲適量

調味料

- ＊ 鹽、黑胡椒少許

作法

1. 火腿切小丁；青花菜燙熟剁碎備用。

2. 馬鈴薯蒸熟後壓成泥。

3. 趁馬鈴薯餘溫加入奶油、青花菜碎、火腿丁與調味料，再加入糯米粉揉成團（若太乾可加點牛奶或清水）。

4. 取適量起司絲包入步驟3中，搓圓壓扁後，用平底鍋煎至兩面金黃即可。

   ・TIP・ 青花菜也可更改成其他蔬菜。

小鳥造型湯圓

料理時間：40分鐘／電鍋

材料（玄鳳3隻/文鳥2隻）

內餡：＊芝麻粉或花生粉 20g ＊奶油 15g ＊細砂糖 10g

外皮：＊糯米粉 50g ＊70°C熱水 40ml

＊南瓜粉、紅麴粉、竹炭粉適量

作法

內餡

1. 室溫軟化奶油至手指頭一戳就凹的程度。

2. 所有材料攪拌均勻。

3. 分別揉成5顆各9g的糰子。

4. 放進冰箱冷藏定型（比較好包）。

/ Step 2

/ Step 3

主體

1. 將70℃熱水倒進糯米粉中,使用燙麵法讓糯米糰口感更好。

2. 搓揉成不黏手的糰狀(太乾加水,太濕加粉)。

3. 取6g白麵糰,加入南瓜粉,染成黃色,並平均分成三份滾圓。

4. 取2g白麵糰加入少量紅麴粉,染成粉紅色。

5. 取6g白麵糰加入紅麴粉,染成紅色。

6. 取2g白麵糰加入竹炭粉,染成黑色。

   ·TIP· 用色粉染色的過程中,如果太乾可沾點水在搓揉均勻,保持麵糰濕潤。

7. 白色麵糰平均分成3份13g/2份15g,分別搓圓,蓋上保鮮膜備用。

玄鳳鳥

1. 取一份13g白色麵糰滾圓壓扁,中間疊上黃色麵糰一起壓扁。

2. 包入內餡後收口搓圓。

3. 取一點粉紅色麵糰,捏成小三角形。

4. 黑色麵糰揉兩個小小圓當成眼睛,紅色麵揉兩個圓壓扁為腮紅,沾水黏貼在主體上。

5. 用剪刀在頭頂上剪一刀,輕輕翻起來,就是玄鳳鳥的頭毛了。

/ Step 1-1

/ Step 1-2

/ Step 2

/ Step 4

/ Step 5

文鳥

1. 取一份15g白色麵糰滾圓壓扁,包入內餡後收口搓圓。

2. 取一點紅色麵糰,捏成小三角形。

3. 黑色麵糰揉兩個小小圓當成眼睛,沾水黏貼在主體上即可。

   ·TIP· 造型湯圓建議用蒸的,因為細節比較多,用水煮容易破壞外型喔!

/ Step 3

🍴 萬用紅醬

料理時間：50分鐘／工具：鑄鐵鍋

材料（4人份）

* 絞肉350g
* 市售義大利麵醬1罐（約420g）
* 蒜頭2瓣
* 杏鮑菇2個
* 牛番茄1顆
* 紅蘿蔔50g
* 洋蔥半顆

作法

1. 蒜頭切末；杏鮑菇切丁；牛番茄、紅蘿蔔及洋蔥切小丁備用。

2. 起鍋熱油炒軟洋蔥、紅蘿蔔丁，加入蒜末、絞肉、杏鮑菇丁炒香。

3. 倒入義大利麵醬及番茄丁，攪拌均勻並煮滾。

4. 蓋上鍋蓋上燉煮約40分鐘即可。

   ·TIP· 我家哥哥極度抗拒吃菇類，因此我把杏鮑菇切小，混入肉醬中，他完全沒察覺，一口接一口，吃得超陶醉！

萬用青醬

材料（4人份）

* 九層塔 150g（去梗後）
* 松子 50g（沒有松子也可用其他堅果代替）
* 蒜頭 5-6 瓣
* 橄欖油 200ml
* 起司粉 50g

調味料

* 鹽 1 大匙
* 黑胡椒適量

作法

1. 九層塔洗淨後擦乾，放入冰箱備用（打碎後較不易變色）。

2. 松子用平底鍋乾炒至有香味即可取出放涼備用。

3. 松子放入調理機打碎，再加入蒜頭、九層塔以及橄欖油打細。

4. 最後加入起司粉以及調味料打至細滑即可。

料理時間：60分鐘／工具：鑄鐵鍋

WELCOME

MY KITCHEN

PART

5

HOW LOVELY DAY

孩子生日點心
自己做

孩子們一年一次的生日，

阿母才不會錯過這個大展身手的好機會！

自己做小點心讓孩子們帶去學校分享，

一方面表達自己對孩子生日的重視，

一方面讓孩子分享喜悅，

除了生日快樂外，還會收穫「你媽媽好厲害啊～」

這類讓阿母虛榮心爆炸的話，

雖然花時間、花精力，

但時間不就該浪費在這些美好的事物上嗎？

◇ 杯子蛋糕

◇ 狗勾貓咪達克瓦茲

◇ 兔兔棉花糖穀物球甜筒

◇ 玻璃餅乾

◇ 馬林棒棒糖

◇ 可愛笑臉巧克力塔

◇ 小倉鼠巧克力片

◇ 獨角獸造型鳳梨酥

🥄 杯子蛋糕

材料（直徑7公分烤杯7個）

* 低筋麵粉 40g

* 雞蛋 2 顆

* 較無特殊味道的植物油 25g

  （玄米油、葡萄籽油等）

* 牛奶 40g

* 煉乳 10g

* 鹽、檸檬汁少許

* 細砂糖 40g

* 糖粉適量

料理時間：90分鐘／工具：烤箱

作法

1. 蛋黃與蛋白分開備用。

2. 烤箱預熱110°C。

3. 蛋黃加植物油拌勻後，加入牛奶以及煉乳攪拌均勻。

4. 加入過篩的低筋麵粉以及鹽。

5. 另取一只容器，放入蛋白並擠入幾滴檸檬汁（可用醋代替），細砂糖分三次加入，中速打至中性發泡（舀起後蛋白霜垂下的勾勾微彎）。

6. 取1/3分量步驟5的蛋白霜拌入步驟3的蛋黃糊內，輕拌均勻。

7. 步驟6的蛋黃糊全部倒入裝了剩餘蛋白霜容器內，切拌混合均勻（手法輕，勿久拌）。

8. 麵糊總重約250g，平均分成7份，每個約八分滿。

9. 烤箱110°C烤20分鐘。

10. 130°C烤20分鐘。

11. 140°C烤20分鐘。

12. 150°C烤10分鐘。

13. 160°C烤10分鐘。

14. 出爐後連烤盤用力敲三下。

15. 放涼後撒上糖粉，點綴些水果即可。

狗勾貓咪達克瓦茲

材料（3X5模具約17個）

* 低筋麵粉 17g
* 杏仁粉 95g
* 糖粉 55g
* 蛋白 100g
* 細砂糖 40g

內餡：
　　* 各式果醬

裝飾用：
　　* 黑、白巧克力適量
　　* 巧克力專用色素紅少許

料理時間：60分鐘／工具：烤箱、烤模

作法

1. 杏仁粉加糖粉、低筋麵粉混合後過篩。

2. 蛋白用中速打至起泡，加入1/3細砂糖，續打至泡泡變細。

3. 再加入1/3細砂糖續打，打至蛋白霜舀起出現軟勾勾，倒入最後1/3細砂糖，打到硬性發泡，成尖角豎立。

4. 將1/3的步驟1加入步驟3內，用刮刀略微切拌，再下1/3繼續切拌，最後再倒入1/3切拌均勻。

   ·TIP· 每一次切拌都需輕柔，攪拌過度會導致消泡。

5. 將步驟4的麵糊裝入擠花袋中。

6. 麵糊擠入烤模內，使用刮板刮除多餘麵糊，撒兩次薄薄的糖粉（分量外）。

7. 輕輕將模具抬起，讓麵糊慢慢降下脫模

8. 烤箱預熱170℃，先烤10分鐘；150℃烤16分鐘。

9. 放置於涼架上放涼後，輕敲涼架去除多餘糖粉。

10. 取一片達克瓦茲背面抹上果醬內餡，再夾上另一片。

11. 融化黑巧克力，裝入小擠花袋中，畫上五官，即完成狗勾。

12. 融化白巧克力，調入少許紅色素成粉色，畫貓掌即完成。

兔兔棉花糖穀物球甜筒

料理時間：30分鐘／工具：深口鍋

材料（10個）

奶油：棉花糖：穀物球=1：5：7

＊ 奶油25g

＊ 棉花糖125g

＊ 穀物球175g

＊ 甜筒餅乾10支

＊ 杏仁片適量

＊ 黑巧克力片適量（融化使用）

作法

1. 起鍋開小火，融化奶油。

2. 棉花糖剪成小塊，加入鍋中，拌炒至融化。

3. 倒入穀物球，攪拌均勻。

4. 用湯匙挖出適量，在烘焙紙上塑成圓球狀。

5. 杏仁片插在步驟4上，當兔兔耳朵。

6. 巧克力隔水融化後，在烘焙紙上畫出眼睛及嘴巴，乾了便可沾融化的巧克力黏在穀物球上。

7. 將兔兔造型穀物球，放在甜筒餅乾上就完成囉！

玻璃餅乾

材料（12片）

* 低筋麵粉 160g
* 無鹽奶油 100g
* 杏仁粉 40g
* 糖粉 60g
* 鹽 2g
* 牛奶 20cc
* 森永水果糖適量

料理時間：60分鐘／工具：烤箱、餅乾模具

作法

1. 無鹽奶油放置在室溫軟化。

2. 低筋麵粉＋杏仁粉＋糖粉＋鹽，混合過篩備用。

3. 奶油加入步驟2，用刮刀攪拌成無粉末殘留的鬆散狀。

4. 加入牛奶壓拌成團。

5. 麵糰放入保鮮膜中塑形桿平，放入冰箱冷凍30分鐘。

6. 選取喜歡的餅乾模具壓模，壓出中空形狀。

7. 烤箱預熱160℃，烤20分鐘後取出。

8. 將敲碎的水果糖放入步驟7的中空處，再放入烤箱烤5分鐘。

9. 糖融化即可取出，烤過頭糖會變苦。

10. 趁糖未凝固前，撒上糖珠裝飾即可。

馬林棒棒糖

材料（直徑5公分圓形可做30支）

* 蛋白 60g
* 檸檬汁 ½ 小匙
* 細砂糖 60g
* 糖粉 50g
* 三色食用色素適量

料理時間：150分鐘／工具：烤箱

作法

1. 蛋白加入檸檬汁以及細砂糖，隔水加熱至細砂糖全部溶化。

   ·TIP· 溫度不可超過50℃，否則蛋白會熟。

2. 用手持攪拌機打發，最高速度約打15分鐘，打至蛋白挺立。

3. 加入過篩糖粉，分成三等分，再分別調色。

/ Step 1

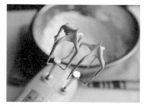

/ Step 2-1

/ Step 2-2

/ Step 2-3

4. 三種顏色分別裝進小擠花袋，再一起裝進一個有花嘴的大擠花袋中。

5. 烤盤中墊烘焙紙，先擠一點糖霜再排放上棒棒糖棍固定。

6. 在棒棒糖棍上擠花，最後撒上糖珠。

7. 烤箱預熱80℃，烘烤120分鐘即可。

/ Step 5

/ Step 6

/ Step 7

🥄 可愛笑臉巧克力塔

材料（10個）

* 現成迷你塔皮（直徑6cm）10個
  （烘焙材料行購買）
* 鮮奶油90g
* 奶油10g
* 白巧克力100g
* 巧克力專用色膏適量

作法

1. 烤箱預熱180°C，塔皮無需解凍，直接烤15分鐘，取出放涼備用。

2. 取一只容器放入鮮奶油、奶油隔水加熱融化後，加放入白巧克力，待所有材料融化混合均勻，即是內餡巧克力甘納許。

3. 步驟2分成數等分，取出適量巧克力專用色膏，分別調色後倒入各個塔皮中。

4. 步驟3放入冰箱中冷藏，待表面凝固。

5. 黑色巧克力隔水溶化後裝入擠花袋，在步驟4中畫上眼睛、嘴巴，待乾就完成囉！

🎵 小倉鼠巧克力片

料理時間：60分鐘／工具：深口鍋

材料（10個）

* 黑巧克力 100g
* 白巧克力 100g
* 巧克力專用色膏適量

作法

1. 在白紙上先畫出倉鼠形狀（細節不要太多）。

2. 將白紙墊在透明文件夾中。

3. 黑巧克力隔水融化，裝入擠花袋中，對著倉鼠形狀描出外框後，放在一旁待乾硬化。

/ Step 1

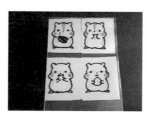

/ Step 3

保持巧克力液態的小撇步

巧克力硬化的速度很快，使用時可在電鍋外鍋加1杯水，開啟保溫模式，暫時用不到的融化巧克力就可放在電鍋內保持液化狀態。

/ Step 4

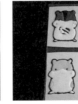

/ Step 5

/ Step 6

4. 白巧克力隔水融化，加入色膏調出想要的各種顏色，分別放入擠花袋中。

5. 在剛剛畫好的外框中填色。

6. 放在一旁乾燥後即可食用，或裝飾在蛋糕上。

獨角獸鳳梨酥

材料（約19個）

* 鳳梨餡或冬瓜餡190g
* 低筋麵粉100g
* 奶粉15g
* 無鹽奶油80g
* 糖粉25g
* 鹽1g
* 蛋液15g
* 草莓、南瓜、紫薯色粉等適量
（任何口味及顏色的色粉都可使用）

料理時間：120分鐘／工具：烤箱

作法

1. 無鹽奶油放置在室溫軟化。

2. 低筋麵粉、奶粉混合後過篩備用。

3. 取一鋼盆放入無鹽奶油，用電動攪拌機打散。

4. 加入糖粉及鹽續打均勻。

5. 一邊攪打，一邊分三次加入蛋液，每一次都要打至蛋液完全被麵糊吸收。

6. 放入步驟2，用刮刀攪拌壓拌至均勻成糰。

7. 取三份各3g的麵糰，分別加入天然色粉染色。

8. 各搓成長條狀後合併，當成前額彩色毛髮。

9. 麵糰分別用保鮮膜包好，放入冰箱靜置60分鐘，麵糰變硬比較好包餡塑形。

10. 鳳梨餡每10g一份揉成19份，搓圓備用。

11. 麵糰由冰箱取出後，分成11g一份揉成19份。

12. 剩下的白麵糰，預備當耳朵及角的材料。

13. 將步驟11的麵糰壓扁，包入鳳梨餡後收口，口朝掌心。

14. 取一點白麵糰，搓成三角柱當成獨角獸的角。

> ·TIP· 烘烤時麵糰會塌，所以配件不要做得太高，以免烤後會變形。

15. 再捏出兩個三角形當耳朵。

16. 步驟8的三色麵糰取小塊，搓成水滴型當毛髮。

17. 烤箱預熱170℃，烤23分鐘至表面金黃才是熟透喔！

WELCOME
MY KITCHEN

PART
6

HOW LOVELY DAY

給另一半的
打氣料理

當了媽媽之後，生活的重心都轉移到孩子上，

爸爸或多或少被冷落，為了彌補他易碎的玻璃心，

我會在早晨為先生特製一份愛心早餐，

有時間就在家享用，趕時間的話，帶在車上慢慢吃。

或者，孩子睡著後的宵夜時光，

做一些料理來給另一半打打氣，這個時間只有我們夫妻倆，

聊聊天，分享今天發生的事，一邊吃著好吃的料理。

這是我們維繫感情很重要的方法呢！

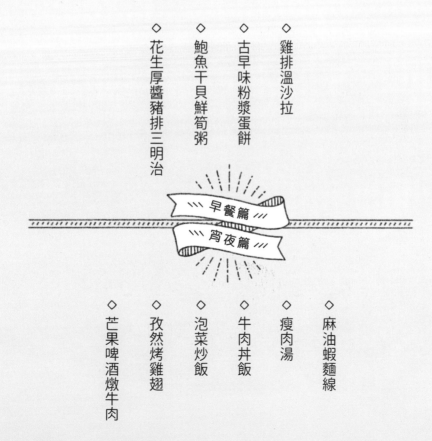

◇ 花生厚醬豬排三明治

◇ 鮑魚干貝鮮筍粥

◇ 古早味粉漿蛋餅

◇ 雞排溫沙拉

\\\ 早餐篇 ///

\\\ 宵夜篇 ///

◇ 芒果啤酒燉牛肉

◇ 孜然烤雞翅

◇ 泡菜炒飯

◇ 牛肉丼飯

◇ 瘦肉湯

◇ 麻油蝦麵線

雞排溫沙拉

材料（1人份）

* 無骨雞腿排1片
* 玉米筍2根
* 馬鈴薯半顆
* 紅椒¼顆
* 生菜適量
* 水煮蛋1顆

調味料

* 鹽、黑胡椒粉少許
* 米酒少許
* 油醋醬適量

料理時間：20分鐘／工具：平底鍋

作法

1. 無骨雞腿排用紙巾吸乾多餘血水，抹上鹽及黑胡椒粉及少許米酒靜置一晚。

2. 玉米筍與切塊馬鈴薯放入電鍋蒸熟備用。

3. 紅椒切片；生菜洗淨擦乾備用。

4. 起鍋熱油，將雞皮朝下放入鍋中小火煎至皮金黃酥脆，翻面再煎2分鐘，盛起靜置備用。

5. 原鍋將紅椒、玉米筍及馬鈴薯煎到表面金黃，撒少許鹽及黑胡椒粉提味。

6. 水煮蛋去殼後切小塊。

7. 找一只碗，依序放入生菜、紅椒、玉米筍、馬鈴薯塊、水煮蛋，最後放上雞排，淋上油醋醬即可。

古早味粉漿蛋餅

材料（2人份）

* 中筋麵粉6大匙
* 地瓜粉2大匙
* 蓮藕粉或太白粉2小匙
* 蔥1根
* 雞蛋2顆
* 清水150ml

調味料

* 鹽¼匙
* 糖¼匙
* 白胡椒粉¼匙

料理時間：20分鐘／工具：平底鍋

作法

1. 蔥洗淨，切蔥花備用。

2. 將所有粉類及調味料與清水調勻，加入蔥花攪拌均勻。

3. 平底鍋內倒入油，將粉漿鋪平，小火慢煎至兩面熟。

4. 將餅皮盛起，打入蛋後再將步驟3的餅皮蓋上，用鍋鏟壓一壓，使蛋液平均分布。

5. 蛋熟後翻面，將蛋餅捲起，切小段即可食用，也可以沾醬油或甜辣醬等鹹醬汁一起吃。

鮑魚干貝鮮筍粥

料理時間：30分鐘／工具：深口鍋

材料（4人份）

* 乾香菇3朵
* 蔥2支
* 豬肉絲70g
* 煮熟綠竹筍（真空包裝）2支約200g
* 乾干貝8顆
* 鮑魚罐頭半罐
* 芹菜1支
* 隔夜飯2碗
* 水1000ml

調味料

* 醬油3大匙
* 鹽、味精、白胡椒粉適量

作法

1. 乾香菇泡發切丁；蔥切段；煮熟綠竹筍切丁；乾干貝泡米酒30分鐘後蒸過撕成絲；鮑魚切丁；芹菜切末備用。

2. 爆香乾香菇、蔥段，放豬肉絲、筍丁續炒，再放入干貝絲同炒。

3. 加醬油熗鍋。

4. 待所有食材都均勻上色後，加清水煮至滾。

5. 放入隔夜飯，蓋上鍋蓋，大火煮5分鐘。

6. 開蓋，倒入鮑魚湯汁及鮑魚丁。

7. 撒適量鹽、味精及白胡椒粉調味。

8. 最後撒上芹菜末即可。

紙包花生醬厚蛋豬排三明治

材料（1人份）

* 豬里肌厚片 1 片
* 牛番茄半顆
* 生菜 4 片
* 雞蛋 2 顆
* 牛奶 1 大匙
* 吐司 2 片

調味料

* 鹽麴 1 大匙
* 鹽、糖適量
* 花生醬 2 大匙

作法

1. 豬里肌厚片先用鹽麴醃漬一晚；番茄切片；生菜擦乾表面水分備用。

   TIP · 鹽麴各家口味不同，使用分量也各不相同，建議使用前先嚐嚐味道。

2. 起鍋熱油，將豬里肌厚片表面稍微擦乾後，下鍋小火煎至熟且兩面金黃。

3. 取一只容器打入雞蛋，倒入牛奶後打散，並加入鹽及糖調味。

4. 另起鍋熱油，倒入蛋液，用筷子不斷拌炒至半熟後，推到一旁塑型成厚蛋片後翻面煎熟。

5. 吐司抹上花生醬，擺上步驟 2 的豬里肌厚片、生菜、番茄片與步驟 4 的厚蛋片，再蓋上一片也抹上花生醬的土司。

6. 步驟 5 放入烘焙紙中央，兩邊拉起對齊，往下折兩折後服貼吐司。

7. 左右兩邊順勢往下收好，將凸出的烘焙紙折進空隙中。

8. 包好的吐司從中切開即可。

/ Step 4

/ Step 6

/ Step 7-1

/ Step 7-2

麻油蝦麵線

料理時間：20分鐘／工具：鑄鐵鍋

材料（1人份）

* 白蝦3隻
* 麵線1把
* 杏鮑菇1根
* 老薑3片
* 枸杞20顆
* 高湯300ml

調味料

* 麻油1大匙
* 米酒1大匙
* 鹽、糖、味精適量

作法

1. 白蝦與枸杞洗淨；杏鮑菇切片備用。

2. 麵線煮熟撈起，泡冷水後瀝乾裝碗備用。

3. 起鍋熱麻油，放入老薑片煸至金黃。

4. 放入杏鮑菇片炒香。

5. 倒入高湯、米酒以及枸杞煮滾。

6. 加入鹽、糖及味精調味。

7. 放入白蝦煮熟。

8. 將麻油蝦湯淋在麵線上即可。

瘦肉湯

料理時間：20分鐘／鑄鐵鍋

材料（2人份）
* 豬小里肌肉1條（約300g）
* 老薑30g
* 清水800ml

調味料
* 米酒1大匙
* 鹽2小匙
* 味精½小匙
* 香油適量
* 白胡椒粉適量

作法
1. 豬肉切片，每片用刀面拍打一下；老薑切絲備用。
2. 取一只深鍋，大火煮滾清水後放入薑絲。
3. 放入豬肉片煮至肉片變色。
4. 加入米酒、鹽、味精、白胡椒粉調味。
5. 撈去浮沫後，待豬肉片煮熟起鍋前滴少許香油即可。

牛肉丼飯

材料（1人份）

* 牛小排火鍋肉片或牛五花肉 200g
* 洋蔥 1 顆（小顆）
* 薑泥、蒜泥各 ¼ 小匙
* 溫泉蛋 1 顆
* 蔥花適量
* 昆布鰹魚高湯 150ml

調味料

* 醬油 3 大匙
* 味霖 1 大匙
* 清酒 1 大匙
* 砂糖 ¼ 小匙
* 七味粉適量

作法

1. 牛肉切小片；洋蔥切絲備用。

2. 醬油、味霖、清酒、砂糖調和成醬汁備用。

   ·TIP· 也可以直接用市售壽喜燒醬油來做醬汁，視口味減濃度。

3. 起鍋熱油，放入牛肉片略煎後夾起備用。

4. 用鍋內的餘油將洋蔥炒香、炒軟。

5. 加入步驟 2 的醬汁、昆布鰹魚高湯以及薑泥、蒜泥。

6. 蓋上鍋蓋，燜煮一下讓洋蔥煮至喜歡的軟度。

7. 加入步驟 3 的牛肉片同煮 2-3 分鐘 即可。

8. 熱白飯盛在碗上，淋上大量醬汁及牛肉，加上溫泉蛋。

9. 視個人口味撒上七味粉及蔥花即可。

料理時間：30分鐘／平底鍋

泡菜炒飯

材料（1人份）

* 白飯 1 碗
* 泡菜 100g
* 泡菜汁 3 大匙
* 豬肉絲 50g
* 蒜頭 1 瓣
* 半熟蛋 1 顆
* 韓式海苔適量
* 芝麻少許

調味料

* 醬油 1 小匙
* 香油 1 小匙
* 鹽、米酒、太白粉少許

料理時間：30分鐘／工具：平底鍋

作法

1. 蒜頭切末；豬肉絲用少許鹽、米酒及太白粉抓醃
   （亦可不抓醃）備用。

2. 泡菜擠乾水分後切丁，擠出來的湯汁備用。

3. 起鍋熱油炒香蒜末，並加入豬肉絲及醬油。

4. 放入泡菜同炒，炒至泡菜變軟。

5. 鍋中倒入白飯以及泡菜汁拌炒均勻。

6. 淋上香油略炒即可盛盤。

7. 加上半熟蛋及韓式海苔，再撒些芝麻即可。

孜然烤雞翅

材料（12支）

* 雞翅 12 隻
* 洋蔥 ¼ 顆
* 蘋果 25g
* 蒜頭 3 瓣
* 乾辣椒 1 條
* 乾辣椒絲少許

調味料

* 米酒 2 大匙
* 醬油 1 大匙
* 糖 2 小匙
* 孜然粉 2 小匙
* 鹽適量

料理時間：30分鐘／工具：烤箱

作法

1. 將洋蔥、蘋果、蒜頭及乾辣椒用食物調理機打成泥備用。

2. 雞翅用紙巾擦乾後劃兩刀。

3. 步驟1、所有調味料與雞翅混合均勻醃漬一晚。

4. 烤箱預熱180°C，中層烤約25分鐘即可。

5. 建議可搭配乾辣椒絲一起食用更美味。

芒果啤酒燉牛肉

材料（1人份）

* 牛腱肉或牛肋條1斤（600g）
* 芒果啤酒1罐
* 洋蔥1顆
* 紅蘿蔔1條
* 櫛瓜半條
* 蒜頭3瓣
* 玉米筍2支
* 麵粉適量

調味料

* 橄欖油2大匙
* 鹽、黑胡椒粉適量

作法

1. 牛肉切塊；洋蔥切丁；蘿蔔、櫛瓜切塊；蒜頭去皮備用。
   ·TIP· 牛腱較有口感，牛肋比較軟嫩，可視個人喜好選擇。

2. 牛肉擦乾血水後，沾麵粉放入鍋中煎至表面變色即可盛起備用。

3. 原鍋倒入橄欖油，放入洋蔥炒香後再放紅蘿蔔及蒜頭拌炒。

4. 放入步驟2的牛肉塊，加入啤酒大火煮滾後轉小火。

5. 加入鹽及黑胡椒粉，改上鍋蓋小火燉煮60分鐘（偶爾開蓋攪拌，避免焦底）。

6. 放入櫛瓜塊及玉米筍再煮10分鐘關火，燜半個鐘頭即可。

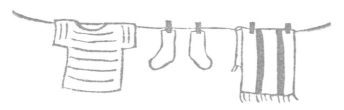

優生活 237

空姐媽咪的百變餐桌

作　　者——朱曉芃
主　　編——王衣卉
行銷主任——王綾翊
裝幀設計——比比司設計工作室
料理攝影——朱曉芃、Rex
人物攝影——璞貞奕睿

總 編 輯——梁芳春
董 事 長——趙政岷
出 版 者——時報文化出版企業股份有限公司
　　　　　108019台北市和平西路3段240號
　　　　　發行專線—（02）2306-6842
　　　　　讀者服務專線—0800-231-705
　　　　　　　　　　　（02）2304-7103
　　　　　郵撥—19344724時報文化出版公司
　　　　　信箱—10899台北華江郵局第99信箱
時報悅讀網——http://www.readingtimes.com.tw
電子郵件信箱——yoho@readingtimes.com.tw
法律顧問——理律法律事務所　陳長文律師、李念祖律師
印　　刷——勁達印刷有限公司
初版一刷——2023年11月10日
定　　價——台幣420元

空姐媽咪的百變餐桌：便當菜、鍋物、元氣早餐、暖心
宵夜、生日小點，家庭料理最需要的65道菜色一次學
會！／朱曉芃著. -- 初版. -- 臺北市：時報文化出版企
業股份有限公司，2023.11
160面；17×23公分
ISBN 978-626-374-544-5（平裝）

1.CST：食譜
427.1　　　　　　　　　　　　　　112018064

ISBN 978-626-374-544-5
Printed in Taiwan

加入臉書社團 我愛 Staub 鑄鐵鍋
展現廚藝 共賞美鍋

多才多藝社友
精彩貼文

Lydia Lee

蔡佳薇

鄭喬安

孫夢莒

LEO麻

邱若梅

Jessica Lu

週週有料理直播

 可可
 曉芃
 Eddi
 Jane
 佳君
 誦芬
 Emely
 喬喬

f 我愛Staub鑄鐵鍋

加入臉書「我愛STAUB鑄鐵鍋」社團，
跟愛好者一起交流互動，欣賞彼此的料理與美鍋，
並可參加社團舉辦料理晒圖抽獎活動。

《空姐媽咪的百變餐桌》抽獎回函

2024.1.15 前
將回函寄回時報出版公司，即有機會獲得

【 ZWILLING德國雙人
智能真空保鮮7件式組合 】

乙組（市價5,500元），共20名！

商品內容：
* ＊真空抽氣棒×1
* ＊保鮮袋S號×2
* ＊保鮮袋M號×2
* ＊玻璃保鮮盒M號×1
* ＊玻璃保鮮盒L號×1

贈品提供【我愛staub鑄鐵鍋】

誠摯邀請
熱愛廚藝的您加入

我愛Staub鑄鐵鍋
Facebook 公開社團

※請對折後直接投入郵筒．請不要使用釘書機。

```
廣  告  回  信
台 北 郵 局 登 記 證
台  北  廣  字
第 2 2 1 8 號
```

時報文化出版企業股份有限公司

108019台北市和平西路三段240號7樓

第五編輯部 優游線 收

感謝您購買《空姐媽咪的百變餐桌》。
請您於2024/1/15前，寄回本回函，將可參加抽獎，有機會獲得【ZWILLING德國雙人智能真空保鮮7件式組合】，共20名！！

（市價5,500元）

＊多種容器真空保鮮
＊搭配真空抽氣棒有效保鮮
＊可手機APP智能管理

一鍵抽真空，自動停止。
搭配真空抽氣棒有效保鮮

【 ZWILLING德國雙人
智能真空保鮮7件式組合 】

商品內容：
＊真空抽氣棒×1　　　　＊保鮮袋S號×2
＊保鮮袋M號×2　　　　＊玻璃保鮮盒M號×1
＊玻璃保鮮盒L號×1

◆ 請問您在何處購買本書籍？

□實體書店＿＿＿＿＿＿　□網路書店＿＿＿＿＿＿　□其他通路＿＿＿＿＿＿

◆ 您從何處知道本書籍？

□實體書店　　　　　　□網路書店　　　　　　□其他通路

□作者社群　　　　　　□廣播、Podcast　　　　□名人推薦

□媒體報導或書摘　　　□朋友推薦　　　　　　□其他

【讀者資料】（請務必完整填寫，以便通知得獎者）

姓名：＿＿＿＿＿＿＿＿＿□先生　□小姐

聯絡電話：＿＿＿＿＿＿＿＿＿＿＿＿＿＿＿＿＿＿＿＿＿

收件地址：□□□＿＿＿＿＿＿＿＿＿＿＿＿＿＿＿＿＿＿＿

E-mail：＿＿＿＿＿＿＿＿＿＿＿＿＿＿＿＿＿＿＿＿＿＿

購買此書的原因：＿＿＿＿＿＿＿＿＿＿＿＿＿＿＿＿＿＿＿

＿＿＿＿＿＿＿＿＿＿＿＿＿＿＿＿＿＿以上請務必填寫、字跡工整

注意事項：
★ 請撕下本回函（正本，不得影印），填寫個人資料並以膠帶封口（請勿使用訂書針）寄回時報文化。
★ 本公司保有活動辦法變更之權利。
★ 若有活動相關疑問，請洽時報出版第五編輯部：0223066600#8215　王小姐